BEI GRIN MACHT SICH IHR WISSEN BEZAHLT

- Wir veröffentlichen Ihre Hausarbeit, Bachelor- und Masterarbeit

- Ihr eigenes eBook und Buch - weltweit in allen wichtigen Shops

- Verdienen Sie an jedem Verkauf

Jetzt bei www.GRIN.com hochladen und kostenlos publizieren

Eva Seidenath

Laktoseintoleranz - Ein Überblick über Formen, Ursachen und Therapiemethoden

GRIN Verlag

Bibliografische Information der Deutschen Nationalbibliothek:

Die Deutsche Bibliothek verzeichnet diese Publikation in der Deutschen Nationalbibliografie; detaillierte bibliografische Daten sind im Internet über http://dnb.d-nb.de/ abrufbar.

Dieses Werk sowie alle darin enthaltenen einzelnen Beiträge und Abbildungen sind urheberrechtlich geschützt. Jede Verwertung, die nicht ausdrücklich vom Urheberrechtsschutz zugelassen ist, bedarf der vorherigen Zustimmung des Verlages. Das gilt insbesondere für Vervielfältigungen, Bearbeitungen, Übersetzungen, Mikroverfilmungen, Auswertungen durch Datenbanken und für die Einspeicherung und Verarbeitung in elektronische Systeme. Alle Rechte, auch die des auszugsweisen Nachdrucks, der fotomechanischen Wiedergabe (einschließlich Mikrokopie) sowie der Auswertung durch Datenbanken oder ähnliche Einrichtungen, vorbehalten.

Impressum:

Copyright © 2011 GRIN Verlag, Open Publishing GmbH
Druck und Bindung: Books on Demand GmbH, Norderstedt Germany
ISBN: 978-3-656-20158-8

Dieses Buch bei GRIN:

http://www.grin.com/de/e-book/194484/laktoseintoleranz-ein-ueberblick-ueber-formen-ursachen-und-therapiemethoden

GRIN - Your knowledge has value

Der GRIN Verlag publiziert seit 1998 wissenschaftliche Arbeiten von Studenten, Hochschullehrern und anderen Akademikern als eBook und gedrucktes Buch. Die Verlagswebsite www.grin.com ist die ideale Plattform zur Veröffentlichung von Hausarbeiten, Abschlussarbeiten, wissenschaftlichen Aufsätzen, Dissertationen und Fachbüchern.

Besuchen Sie uns im Internet:

http://www.grin.com/

http://www.facebook.com/grincom

http://www.twitter.com/grin_com

Inhaltsverzeichnis　　　　　　　　　　　　　　　　Seite

1. Einleitung　　4

2. Was ist Laktose?　　5
   2.1 Vorkommen von Laktose in der Natur und in Milchprodukte　　5
   2.2 Vorkommen von Laktose in Fertigprodukten　　6
   2.3 Laktosenachweis in der Milch　　6

3. Was ist Laktase?　　9

4. Laktoseintoleranz　　9
   4.1 Formen der Laktoseintoleranz und ihre Ursachen　　10
      4.1.1 Primärer Laktasemangel　　10
      4.1.2 Sekundärer Laktasemangel　　11

   4.2 Geographische Verteilung der Milchzuckerunverträglichkeit　　12
   4.3 Symptomatik der Laktoseintoleranz　　13
      4.3.1 Diarrhoe　　13
      4.3.2 Obstipation　　13
      4.3.3 Flatulenz　　14
      4.3.4 Völlegefühl　　14
      4.3.5 Übelkeit　　14
      4.3.6 Aufstoßen und Mundgeruch　　14
      4.3.7 Bauchschmerzen und Krämpfe　　15
      4.3.8 Gestörter Vitamin- und Mineralstoff-Haushalt　　15
   4.4 Diagnosesicherungs-Methoden　　15
      4.4.1 Laktose-Toleranz-Test　　15
      4.4.2 H_2-Atemtest　　16
      4.4.3 Dünndarmbiopsie　　17
   4.5 Therapiemethoden　　17
      4.5.1 Laktase-Ersatz　　17
      4.5.2 Diät/Ernährungsumstellung　　18

4.5.3 Laktosearme Milchprodukte	18
4.5.4 Alternativprodukte	19
5. Schlussfolgerung	**20**
6. Literaturverzeichnis	**21**
6.1 Internetquellen (in alphabetischer Reihenfolge)	21
6.2 Quellen aus eigenständigen Werken und Sammelbänden (in alphabetischer Reihenfolge)	23
7. Bildnachweise	**23**
7.1 Abbildungen	23
7.2 Tabellen	24
7.3. Diagramme	24

1. Einleitung

„Eure Nahrungsmittel sollen eure Heilmittel und eure Heilmittel sollen eure Nahrungsmittel sein"

Dieses Zitat von Hippokrates (460 – 377 v. Chr.) zeigt, dass die heilende Wirkung von Pflanzen und die Bedeutung von gesunder Ernährung schon im alten Griechenland bekannt war und gelehrt wurde.[1]
Doch Einzelheiten über verschiedene Nahrungsmittelunverträglichkeiten waren noch nicht erforscht, da es mit den damaligen Mitteln sehr schwierig war, genaue Diagnosen aufzustellen.

Auch heute noch ist speziell in Deutschland die Laktoseintoleranz ein noch nicht sehr weit erforschtes Themengebiet.[2]

Doch handelt es sich hierbei um eine Krankheit?

Im Folgenden wird zunächst auf Laktose und das Enzym Laktase genauer eingegangen, bevor die Formen der Laktoseintoleranz vorgestellt werden.
Da die Milchzuckerunverträglichkeit mit den verschiedensten Symptomen einhergehen kann, verdeutliche ich diese, und erkläre anschließend, mit welchen Methoden man die Diagnose sichern kann.
Zum Schluss werden verschiedene Therapiemöglichkeiten vorgestellt.

---

[1] http://naturheilverfahren.wordpress.com/2008/06/26/%E2%80%9Eeure-nahrung-soll-eure-medizin-und-eure-medizin-soll-eure-nahrung-sein%E2%80%9C/ (26.Juni.2008), Stand: 02.11.2011
[2] Vgl.: Paas, Doris: Das Laktose-Intoleranz Buch, Monsenstein und Vannerdat OHG, Münster 2007, S. 21

2. Was ist Laktose?

Laktose, auch Lactose, Milchzucker oder Sandzucker genannt, leitet sich ab vom lateinischen lac, lactis für Milch und der Endung -ose für Zucker. Laktose ist ein vor allem in Milch und Milchprodukten enthaltener Zucker,[3] der in den Milchdrüsen von Säugetieren entsteht.[4]

Chemisch gesehen handelt es sich um ein Disaccharid, einen Zweifachzucker, welcher aus D-Galactose und D-Glucose besteht, die β-1,4-glycosidisch verbunden sind.[5]

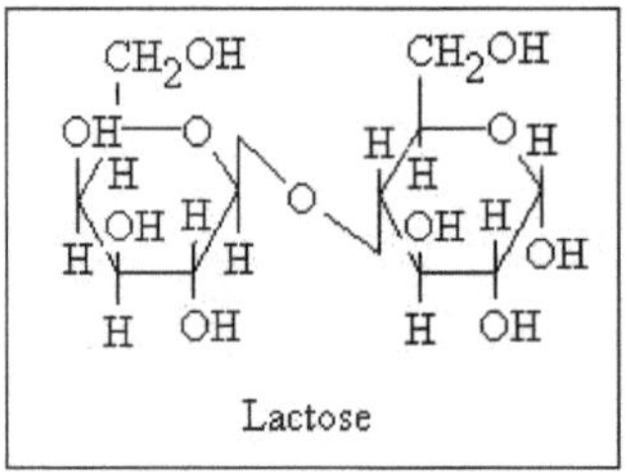

Abb.1: Haworth-Projektion von Laktose[6]

In der Abbildung 1 ist die Strukturformel des Milchzuckers ($C_{12}H_{22}O_{11}$) zu sehen.

2.1 Vorkommen von Laktose in der Natur und in Milchprodukten

Das Disaccharid Laktose kommt natürlicherweise nur in Milch und Milchprodukten vor.
In der folgenden Tabelle sind einige laktosehaltige Lebensmittel dargestellt.

Lebensmittel	Laktosegehalt in %
Molkenkäse	50
Nougat	25
Milchschokolade	10
Speiseeis	6-7
Frauenmilch	6,9

---

[3] Vgl.: http://de.wikipedia.org/wiki/Lactose , Stand: 31.10.2011
[4] Vgl.: Lützen A., Seibel J.: Römpp Online: „Lactose" Stand 05.11.2011
[5] Vgl.: Wikipedia, „Glycosidische Bindung", Stand: 06.11.11,
http://de.wikipedia.org/wiki/Glycosidische_Bindung
[6] http://www.milkfacts.info/Milk%20Composition/Carbohydrate.htm , Stand: 31.10.2011

Kuhmilch	4,9
Sauermilchprodukte	4-5
Käse (jung)	1-4
Käse (reif)	<0,1

Tabelle 1: Laktosegehalt in ausgewählten Lebensmitteln[7]

Tabelle 1 zeigt, dass Muttermilch im Gegensatz zur Kuhmilch, mit ca. 7% den höheren Gehalt an Laktose aufweist und dass reifer Käse so gut wie keinen Milchzucker beinhaltet.

2.2 Vorkommen von Laktose in Fertigprodukten

Die Inhaltsstoffangaben auf Lebensmittelverpackungen zeigen, dass Laktose auch in vielen Produkten, die auf den ersten Blick keinen Laktosegehalt vermuten lassen, enthalten ist.

„Vor allem Desserts, Eiscremes, Backwaren, Schokoladenerzeugnisse, Dressings, Instantsuppen und -soßen, Kartoffelpüreepulver, Streuwürzen, Senf, Ketchup, Müslis, Fleisch- und Wurstwaren (vor allem fettreduzierte Sorten) sowie Brotaufstriche können Laktose enthalten. Darüber hinaus kann Milchzucker enthalten sein in Medikamenten, Süßstoff- und Kleietabletten sowie Zahnpasten."[8]

2.3 Laktosenachweis in der Milch

Um den Milchzucker in der Milch zu beweisen, kann man die sogenannte Fehling-Probe durchführen.
Für diesen Versuch benötigt man die Geräte Bunsenbrenner, Reagenzgläser, Reagenzglasständer und Reagenzglashalter.
Außerdem werden eiweißfreie Molke, Fehling-1-Lösung (1,7 g Kupfer(II)-Sulfat in 100 mL Wasser gelöst), Fehling-2-Lösung (35 g Natriumkaliumtartrat

---

[7] Vgl.: Kasper, Heinrich: Ernährungsmedizin und Diätetik, 7. neubearb. Aufl., München/Wien/Baltimore, Urban und Schwarzenberg 1991
[8] Bayerisches Staatsministerium der Justiz und für Verbraucherschutz, 27.12.2007, http://www.vis.bayern.de/ernaehrung/lebensmittel/gruppen/milchzucker.htm#vorkommen_natur , Stand: 05.11.2011

(Seignette-Salz) und 10 g Natriumhydroxid in 100 mL destilliertem Wasser gelöst) benötigt.

In der Durchführung stellt man zuerst Molke her, indem man 100 ml Milch zum kochen bringt und anschließend 1 EL Essigessenz hinzufügt. Da sich nun das Eiweiß von der Milch trennt, bleibt ein wässriger Rest übrig, die sogenannte Molke.

Diese besteht fast nur aus Wasser und Laktose.

Abb.2: Milch   Abb. 3: Molkeherstellung   Abb. 4: Fertige Molke

Anschließend werden 2ml der Fehling-1-Lösung und 2ml der Fehling-2-Lösung in einem Reagenzglas miteinander vermischt und 1ml Molke hinzugegeben.

Zu Letzt wird die Flüssigkeit unter dem Bunsenbrenner vorsichtig erhitzt.

Gibt man zunächst die Fehling-Lösungen zusammen, färbt sich das Gemisch in einem kräftigen Blau aufgrund der Cu(II)-Ionen und es entsteht ein Di-tartrato-cuprat (II)-Komplex.

Abb.5: Fehling-1-Lösung   Abb. 6.: Fehling-2-Lösung   Abb. 7: Fehling-1+2-Lösung

Danach gibt man die eiweißfreie Molke hinzu und erhitzt die vermischten Flüssigkeiten.

Es ist zu sehen, dass sich die Lösung zuerst grün, dann braun und dann mit rotbraunem Niederschlag verfärbt.

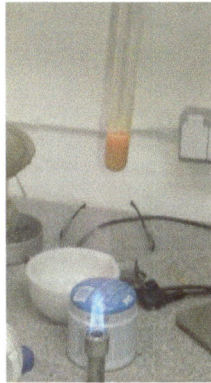 

Abb. 8: Grünliche Färbung   Abb. 9: Rotbrauner Niederschlag

Bei der Reaktion der Aldehyd-Gruppe mit den Fehling-Lösungen kommt es zu einem festen Niederschlag von rotbraunem Kupfer(I)-Oxid.

Demnach werden die Cu^{2+}-Ionen reduziert und das Alkanalmolekül wird zum Carbonsäuremolekül oxidiert.

Das Ergebnis dieses Versuches ist, dass die Laktose positiv auf die Fehling-Probe reagiert, da sich die Lösung rotbraun verfärbt.[9]

---

[9] Vgl.: Kampner, M.: Fehling Probe. http://www.chemiedidaktik.uni-wuppertal.de/alte_seite_du/material/milch/lactose/fehling.pdf (07.11.2011)

3. Was ist Laktase?

Bei Laktase, auch Lactase oder Beta-Galactosidase genannt, handelt es sich um ein Enzym, das der Mensch braucht, um Milchzucker im Dünndarm in seine Bestandteile Galactose und Glucose zu spalten. Alle Säugetiere bilden Laktase, bis sie von der Muttermilch entwöhnt sind. Normalerweise besitzen nur Säuglinge bis zum 3. Monat dieses Enzym, was bedeutet, dass Erwachsene in der Regel laktoseintolerant sind.[10]

„Einige Individuen jedoch exprimieren Laktase im gesamten Verlauf ihres Lebens in vollem Maße. Dieses Phänomen wird Laktasepersistenz (LP) genannt. Die LP wird dominant vererbt und findet sich gehäuft in Populationen Nord- und Zentraleuropas."[11]

In der folgenden Abbildung ist die Spaltung von Laktose zu sehen:

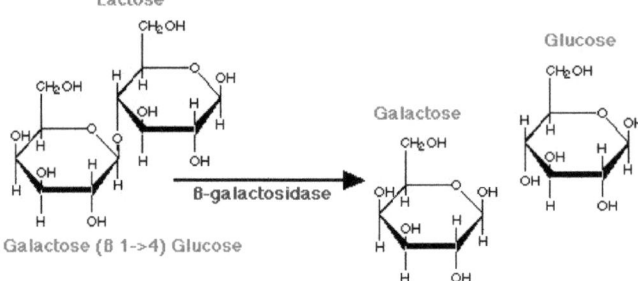

Abb.10: Enzymatische Spaltung von Laktose in Galaktose und Glucose[12]

4. Laktoseintoleranz

In der Fachliteratur taucht der Begriff Laktoseintolerant häufig auch unter den Namen Milchzucker-Unverträglichkeit, Alactasie, Lactasemangelsyndrom und Laktosemalabsorption auf.[13]

---

[10] Vgl.: Biologie-Lexikon online, Stand: 04.03.2009, www.biologie-lexikon.de/lexikon/lactase.php
[11] Burger, J.: „Laktasepersistenz bei meso- neolithischen Europäern, http://www.uni-mainz.de/FB/Biologie/Anthropologie/MolA/Deutsch/Forschung/Laktasepersistenz.html, Stand: 07.11.11
[12] http://www.biologie.uni-hamburg.de/b-online/library/micro229/terry/229sp00/lectures/regulation.html

Bei Menschen ohne Laktoseintoleranz spaltet das Enzym Laktase die Laktose in ihre Bestandteile Galaktose und Glukose. Diese beiden Monosaccharide werden anschließend im Dünndarm resorbiert. Das ungespaltene Disaccharid Laktose kann nicht vom Dünndarm resorbiert werden (s.Abb.3).

Kommt es zu einem Mangel an laktosespaltender Laktase, gelangen unverdaute Laktosemoleküle in tiefere Darmabschnitte, wo sie von Darmbakterien aufgenommen und vergoren werden (s.Abb.4).[14]

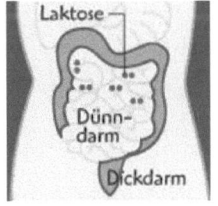   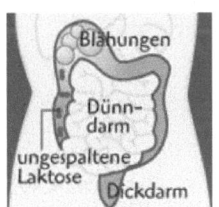

Abb.11: Ohne Laktoseintoleranz[15]   Abb.12.:Mit Laktoseintoleranz[16]

4.1. Formen der Laktoseintoleranz und ihre Ursachen

Bei der Laktoseunverträglichkeit unterscheidet man zwischen primärer und sekundärer Laktoseintoleranz.

4.1.1 Primäre Laktoseintoleranz

Die primäre Laktoseintoleranz lässt sich noch weiter in verschiedene Unterformen untergliedern, an unterscheidet die endemische Laktoseintoleranz, den kongenitalen Laktasemangel (Alactasie) und den entwicklungsbedingten Laktasemangel.
Die endemische Laktoseintoleranz stelle die weltweit häufigste Form dar. Die Betroffenen sind vor allem die Bevölkerungen Südostasiens und Zentralafrikas sowie die Bewohner der Mittelmeerländer. Sie ist genetisch bedingt und tritt erst

---

[13] Vgl.: Paas, Doris (2007), S. 21
[14] Vgl.: Ledochowski M, Bair H, Fuchs D: „Laktoseintoleranz", Journal für Ernährungsmedizin. Gablitz: Krause & Pachernegg GmbH, 2003
[15] http://www.minusl.de/5
[16] http://www.minusl.de/5

ca. ab dem 5. Lebensjahr auf. Bei gezielter Gabe von Milchprodukten ist diese Form reversibel.[17]

Der kongenitale Laktasemangel (Alactasie), ist als autosomal-rezessive Erbkrankheit anzusehen und wurde in einer finnischen Population, die an und für sich laktosetolerant sein sollte, beschrieben. Die Krankheit ist durch ein völliges Fehlen der Laktaseaktivität im Dünndarm bei vorhandener Aktivität anderer Disaccharidasen und histologisch unauffälliger Dünndarmschleimhaut charakterisiert.[18]

Der entwicklungsbedingte Laktasemangel kommt vor allem bei Frühgeborenen vor. Es handelt sich um einen Enzymmangel, der aufgrund einer unvollständig entwickelten Darmschleimhaut auftritt.[19]

4.1.2 Sekundäre Laktoseintoleranz

Diese Form der Milchzuckerunverträglichkeit ist nicht angeboren. Im Laufe des Lebens kann es durch eine Schädigung der Dünndarmschleimhaut und der damit verbundenen laktaseproduzierenden Zellen zu einer sekundären Laktoseintoleranz kommen.

Für solch eine Schädigung kann es mehrere Ursachen geben, wie zum Beispiel Infektionen des Dünndarms, Morbus Crohn, Zöliakie, aber auch Darmoperationen und Chemo– oder Strahlentherapie.

„Die Laktaseproduktion ist bei der sekundären Laktoseintoleranz in den meisten Fällen nur vorübergehend eingeschränkt. Ist die Therapie der zugrunde liegenden Erkrankung erfolgreich, wird Laktase meist wieder in ausreichender Menge produziert - und Milchprodukte können ohne Beschwerden genossen werden."[20]

---

[17] Vgl.: Holfeld-Weitlof, Gabriele, Stand: 02.11.2011,
http://www.holfeld-weitlof.com/pdf/Laktoseintoleranz.PDF
[18] Vgl.: Ledochowski M, Bair H, Fuchs D: „Laktoseintoleranz", 2003,
http://www.kup.at/kup/pdf/1372.pdf
[19] Vgl.: http://www.navigator-medizin.de/eltern_kind/die-wichtigsten-fragen-und-antworten-zu-kinderkrankheiten/bauch-und-bauch-organe/laktoseintoleranz/grundlagen-und-ursachen/2484-welche-formen-der-laktoseintoleranz-werden-unterschieden.html
[20] Dr. med. Thalhammer, Matthias, Mai 2010,
http://www.netdoktor.at/krankheiten/fakta/laktoseintoleranz.shtml

4.2 Geographische Verteilung der Milchzuckerunverträglichkeit

Nicht in jedem Teil der Welt ist die Häufigkeit der an Lactoseintoleranz leidenden Menschen gleich. Im Durchschnitt sind 90% der Weltbevölkerung betroffen, jedoch mit starken regionalen Abweichungen. Sind in Schwarzafrika oder Thailand nahezu 100% der Menschen laktoseintolerant, so sind es z.B. in Skandinavien nur etwa 5%.[21]

Der Anthropologe Professor Marvin Harris fand den Lichtmangel als ökologische Erklärung dafür, dass die Laktoseintoleranz vielerorts nicht sehr verbreitet ist.

Für die Vitamin-D-Bildung in der Haut braucht der Mensch Licht. Vitamin-D wiederum fungiert als Calciumtransporter für die Knochen. Da Licht in äquatorfernen Gebieten weniger vorhanden ist, entwickelten sich Mutationen beim Menschen, um den Mangel an Sonnenlicht zu kompensieren.

Die Bevölkerung des Nordens ist sehr hellhäutig, da ihre Haut so mehr Licht eindringen lässt.

Zudem hält die Laktaseproduktion bei einigen Menschen auch nach dem Säuglingsalter an, da dieses Enzym auch als Calciumtransporter genutzt werden kann.[22]

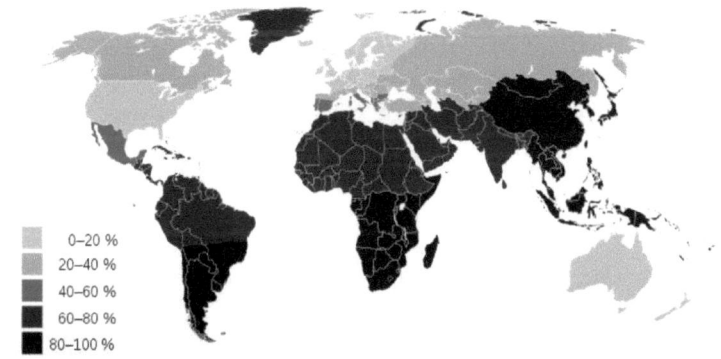

Abb.13: Globale Verteilung der Laktoseintoleranz in %[23]

In dieser Grafik 5 ist zu erkennen, wie die Laktoseintoleranz weltweit verteilt ist.

---

[21] Vgl.: Paas, Doris (2007), S. 43
[22] Vgl.: Pollmer U., Warmuth S., „Lexikon der populären Ernährungsirrtümer", 6.Auflage, Piper (2006), Seite 211
[23] http://de.wikipedia.org/w/index.php?title=Datei:Laktoseintoleranz-1.svg&filetimestamp=20100722152216, Stand: 05.11.11

Bei der Bevölkerung Südamerikas, Afrikas, der Vereinigten Arabischen Emirate, Indiens, Asiens und Dänemarks ist die Milchzuckerunverträglichkeit am weitesten verbreitet und betrifft zwischen 80 und 90% der Menschen.
Im Gegenteil dazu vertragen zwischen 80 und 100% der Amerikaner, der Australier und der Nordeuropäer Milchzucker.

4.3 Symptomatik der Laktoseintoleranz

Die Symptomatik der Milchzuckerunverträglichkeit ist sehr vielschichtig und kann mehr oder weniger stark ausgeprägt sein. Dies ist von Mensch zu Mensch verschieden, da entscheidend ist, wie viel Laktose man zu sich nimmt und wie stark der Laktase-Mangel ist.
Im Folgenden werden die am häufigsten auftretenden Anzeichen definiert.

4.3.1 Diarrhoe

Diarrhoe = „(Durchfall; von griechisch diarrhoia = Durchfluß)"[24]
Bei einem Mangel an Laktase gelangt die Laktose unverarbeitet in den Dickdarm. Da die Laktose sehr viel Wasser bindet, wird der Speisebrei im Dickdarm verdünnt. Wenn der Darm nicht mehr in der Lage ist, dem Stuhl die Flüssigkeit ausreichend zu entziehen, kommt es zum Durchfall.
Da die Laktose durch Dickdarm-Bakterien verwertet wird, entstehen kurzkettige Säuren, die die Darmwände reizen. Um diese Säuren zu entschärfen, wird eine zusätzliche Flüssigkeitsabsonderung angeregt, welche die Diarrhoe verstärkt.[25]

4.3.2 Obstipation

Obstipation = „(Verstopfung, von lateinisch obstipare = voll-, verstopfen)"[26]
Unter Obstipation versteht man die verzögerte bzw. erschwerte Entleerung des Darmes, die durch eine Verengungen des Darmkanals oder Störungen der Darmbewegungen (Peristaltik) entsteht.[27]

---

[24] Heiker, Fred Robert: Römpp Online, Thieme, April 2007, Stand 03.11.2011
[25] Vgl.: Paas, Doris (2007), S. 25
[26] Heiker, Fred Robert: Römpp Online, Stand 03.11.2011
[27] Heiker, Fred Robert: Römpp Online, Stand 03.11.2011

4.3.3 Flatulenz

Flatulenz = Blähungen, von lateinisch flatus = Wind
Flatulenz ist die Bezeichnung für den vermehrten Abgang von den im Darm gebildeten Gasen.[28] Im Falle der Laktoseintoleranz entstehen diese Gase dadurch, dass die unverdauten Laktosemoleküle in tiefere Darmabschnitte gelangen, wo sie von Darmbakterien aufgenommen und vergoren werden.[29]

4.3.4 Völlegefühl

Ein Völlegefühl entsteht bei der Laktoseintoleranz dadurch, dass der Darm angefüllt ist mit zu viel und zu flüssigem Stuhl und vermehrten Gasen. Die aufgeblähten Darmschlingen drücken auf den Magen und erzeugen das Gefühl eines überfüllten Magens und vollen Bauches.[30]

4.3.5 Übelkeit

Auch auf den Magen hat die Laktoseintoleranz Einfluss. Es entstehen Gase und auch teilweise eine vermehrte Peristaltik (Bewegung), die zu einer Übelkeit führen können.[31]

4.3.6 Aufstoßen und Mundgeruch

Von der Milchzuckerunverträglichkeit sind nicht nur Magen und Darm betroffen, sondern das gesamte Verdauungssystem, angefangen beim Mund und der Speiseröhre. Die Gase, die im Darm entstehen, gelangen über das Blut an die Lunge und von dort über den Mund nach draußen. Dies führt zu vermehrtem Aufstoßen und Mundgeruch.

---

[28] Heiker, Fred Robert: Römpp Online, Stand 03.11.2011
[29] Vgl.: Ledochowski M, Bair H, Fuchs D: „Laktoseintoleranz", 2003
[30] Vgl.: Paas, Doris (2007), S. 27
[31] Vgl.: Paas, Doris (2007), S.27

4.3.7 Bauchschmerzen und Krämpfe

Als Folge der Laktoseintoleranz gelangt der Milchzucker ungespalten in den Dickdarm, wo er von den Bakterien der Darmflora umgewandelt wird. Verantwortlich für mögliche Bauchschmerzen sind die dabei entstehenden Abbauprodukte.[32]

4.3.8 Gestörter Vitamin- und Mineralstoff-Haushalt

Die Nährstoffe, die der Mensch mit der Nahrung zu sich nimmt, sind auch in der Flüssigkeit gelöst, die im Dickdarm dem noch dünnflüssigen Speisebrei entzogen wird.
Diese Vitamine und Mineralstoffe gelangen von dort aus über die Darmwand ins Blut und werden schließlich zu den Körperzellen transportiert.
Im Falle der Milchzuckerunverträglichkeit kann der Speisebrei durch die wasserbindende Kraft des noch vorhandenen Milchzuckers nicht vom Darm eingedickt werden. Infolge dessen kann die Flüssigkeit mit den lebensnotwendigen Nährstoffen nicht ins Blut weitergegeben werden und der Mensch scheidet diese mit dem Durchfall aus.[33]

4.4 Diagnosesicherungs-Methoden

Bei Personen, die unter einer Milchzuckerunverträglichkeit leiden, sind die körperlichen Befunde, die Routine-Laboruntersuchungen und endoskopische bzw. radiologische Untersuchungen meist unauffällig.[34]
Allein durch spezielle Tests lässt sich eine Unverträglichkeit sicher nachweisen.

4.4.1 Laktose-Toleranz-Test

Dem Patienten werden 50 g Laktose verabreicht und anschließend wird der Blutzuckerwert bestimmt.

---

[32] Monks - Ärzte im Netz GmbH, 27.10.2011, Stand 04.11.2011,
http://www.internisten-im-netz.de/de_bauchschmerzen-ursachen_1084.html
[33] Vgl.: Paas, Doris (2007), S. 29
[34] Vgl.: Siegenthaler W., Kaufmann W., Hornbostel H., D. Waller H.,: „Lehrbuch der inneren Medizin", 3. neubearb. Aufl., Stuttgart/New York, Georg Thieme Verlag 1992, Seite 1101

Leidet der Untersuchte an eine Laktosemalabsorption, treten die für diese Nahrungsmittelunverträglichkeit typischen Beschwerden auf und der Blutzucker steigt nicht über 25% des Ausgangswertes an.[35]

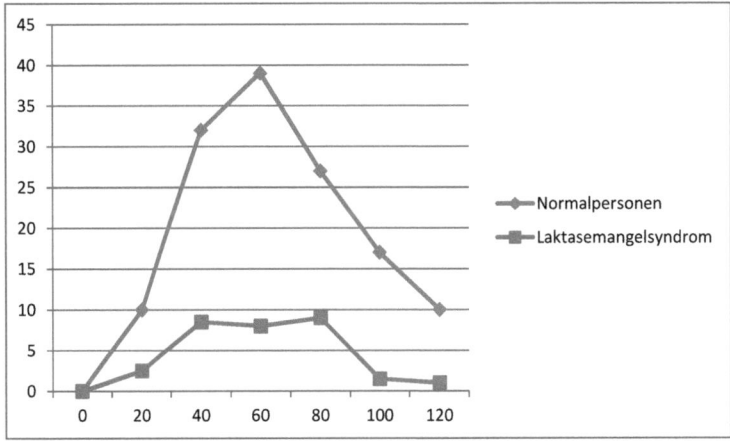

Diagramm 1: Verlauf der Blutglucosekonzentration in Abhängigkeit der Zeit[36]

In diesem Diagramm 6 kann man das Verhalten der Blutglucosekonzentration, nach oraler Gabe von 50 g Laktose, bei einer gesunden Versuchsperson und einem Patienten mit einem Laktasemangelsyndrom erkennen.[37]
Es ist zu sehen, dass die Blutglucosekonzentration der gesunden Person deutlich unter der der Person mit Laktasemangelsyndrom verläuft.

4.4.2 H$_2$-Atemtest

Um einiges spezifischer und sicherer ist der Wasserstoffexhalationstest, kurz H$_2$-Atemtest.
Auch hier werden dem Probanden 50 g Laktose verabreicht. Wenn es sich um eine Laktoseintoleranz handelt, entstehen im Dickdarm des Patienten durch die Vergärung Gase, die über die Lunge abgeatmet werden.[38]
Das Gas, das bei diesem Test nachgewiesen wird, ist Wasserstoff.

---

[35] Vgl.: Siegenthaler W., Kaufmann W., Hornbostel H., D. Waller H.,: „Lehrbuch der inneren Medizin", 3. neubearb. Aufl., Stuttgart/New York, Georg Thieme Verlag 1992, Seite 1101
[36] Vgl.: Kasper, Heinrich: „Ernährungsmedizin und Diätetik", 1991, Seite 154
[37] Vgl.: Kasper, Heinrich: „Ernährungsmedizin und Diätetik", 1991, Seite 154
[38] Vgl.: Siegenthaler W., Kaufmann W., Hornbostel H., D. Waller H.,: „Lehrbuch der inneren Medizin", 1992, Seite 1101

Dieser wird anhand eines HydroCheck Wasserstoff-Atemtestgeräts ermittelt.[39]

4.4.3 Dünndarmbiopsie

Die aufwendigste Methode die Laktase-Aktivität nachzuprüfen, ist die Dünndarmbiopsie.[40]
Hierbei handelt es sich um die Entnahme von Gewebe aus dem Dünndarm, welches anschließend im Labor auf seine Laktase-Aktivität untersucht wird.
„Dies dient zur genauen Bestimmung der Milchzuckerunverträglichkeit und gibt exakt den Schweregrad der Intoleranz an."[41]

4.5 Therapiemethoden

Eine bestehende Laktoseintoleranz kann nicht geheilt werden. Allerdings gibt es verschiedene Möglichkeiten dieser Nahrungsmittelunverträglichkeit entgegenzuwirken, um beschwerdefrei damit leben zu können.

4.5.1 Laktase-Ersatz

Mittlerweile gibt es Tabletten, die das milchzuckerspaltende Enzym Lactase beinhalten, das Menschen mit einer Laktoseintoleranz fehlt.
Das Laktase-Enzym wird mithilfe des Mikroorganismus Aspergillus oryzae hergestellt und verspricht den beschwerdefreien Genuss von Milch und Milchprodukten trotz einer Milchzuckerunverträglichkeit.[42]
Beispiele für solche Tablette sind Lactrase oder Lactosolv.[43]

---

[39] http://www.neomed-gmbh.de/wasserstoff_atemtest.htm
[40] Vgl.: Siegenthaler W., Kaufmann W., Hornbostel H., D. Waller H.,: „Lehrbuch der inneren Medizin", 1992, Seite 1101
[40] Zweck J., Hladik R., Hitthaller M., Mittergeber E., Krismer S., laktobase.at
http://www.laktobase.at/Dunndarmbiopsie.php
[41] Vgl.: Pudel V., Müller M.J., „Leitfaden der Ernährungsmedizin", Dr. Rainer Wild-Stiftung, Springer, 1998
[42] Vgl.: Pro Natura Gesellschaft für gesunde Ernährung mbH, „Lactrase", 2011, Stand: 05.11.2011
http://www.lactrase.de/Produktinformation.53.0.html
[43] Vgl.: http://www.zuckeraustauschstoffe.de/

4.5.2 Diät/Ernährungsumstellung

Ist eine Milchzuckerunverträglichkeit diagnostiziert, sollte man Milch und Milchprodukte meiden. Allerdings werden individuell bis zu 5 g Laktose pro Tag vertragen.

Die betroffenen Personen sollten für sich selbst austesten, wie viel Laktose sie maximal vertragen, da es zahlreiche Milchprodukte mit einem niedrigen Milchzuckergehalt gibt (s. 5.1).

Möchte man eine laktosefreie Diät machen, dann ist die Grenze von maximal 1 g Laktose nicht zu überschreiten.

Im Vergleich: Ein gesunder Erwachsener nimmt im Durchschnitt 20-30 g Laktose zu sich.[44]

4.5.3 Laktosearme Milchprodukte

Nicht alle Milcherzeugnisse haben den gleichen Gehalt an Laktose, da es ja nachdem wie die Produkte hergestellt werden, erhebliche Schwankungen geben kann.

Anhand der folgenden Tabelle sind laktosearme Milchprodukte zu sehen, die weniger als 2 g Laktose pro 100g enthalten.

Milcherzeugnisse	g Laktose/100g
Butterschmalz	-
Emmentaler, Bergkäse, Berghofkäse, Reibkäse, Parmesan, Alpkäse, Edamer, Gouda, Tilsiter, Stauferkäse, Steppenkäse, Trappistenkäse, Appenzeller, Backsteiner, Brie, Camembert, Weichkäse, Weinkäse, Weißlacker, Chester, Edelpilzkäse, Schafskäse, Havarti Jerome, Limburger, Romadur, Mozzarella, Münsterkäse, Raclette, Räucherkäse, Sandwich-Käsepastete, Bad Aiblinger Rahmkäse, Butterkäse, Esrom, Sauermilchkäse	<0,1
Butter	0,6-0,7

Käsefondue (Fertigprodukt)	1,8
Käsepastete 60-70% Fett i. Tr.	1,9
Sahneeis	1,9

Tabelle 2: Übersicht über einige Lebensmittel, die weniger als 2g Laktose pro 100g enthalten[45]

4.5.4 Alternativprodukte

Wenn man keine Tabletten einnehmen möchte, mit deren Hilfe der Milchzucker im Körper gespalten wird, kann man auf zahlreiche Alternativen zu Milchprodukten zurückgreifen.

Am häufigsten im Supermarkt vertreten sind die sogenannten „MinusL"-Produkte des Unternehmens Omira. In diesen Lebensmitteln wurde der Milchzucker durch einen technologischen Prozess bereits gespalten, sodass nur noch eine Relationsmenge von weniger als 0,1 g Laktose pro 100 g enthalten ist.

Das Angebot der „MinusL"-Produkte reicht von Milch über Süßspeisen bis hin zu Antipasti.[46]

Alternativ kann man auch zu Produkten greifen, die auf pflanzlicher Basis wie Soja, Reis, Dinkel oder Hafer hergestellt wurden.[47]

Auch in dieser Rubrik gibt es mittlerweile sehr viele Lebensmittel, wie z.b. Drinks, Pudding oder Joghurt.

---

[45] Vgl.: Kasper, Heinrich: „Ernährungsmedizin und Diätetik", 1991, Seite 553
[46] Vgl.: Omira, MinusL, Stand: 05.11.11, http://www.minusl.de/4
[47] Vgl.: http://www.maennerfrage.de/food/essen-geniessen/alternative-zu-milchprodukten.20615.htm , Stand: 05.11.11

5. Schlussfolgerung

Auf die Frage in Punkt 1 dieser Seminararbeit, ob es sich bei einer Laktoseintoleranz um eine Krankheit handelt, kann man so antworten, dass es im Grund genommen nicht so ist, da diese Unverträglichkeit bei rund 90% der Weltbevölkerung den Normalfall bedeutet.

Dies wird durch die Ergebnisse einer finnischen Forschungsgruppe noch weiter bestätigt. Die besagten Wissenschaftler untersuchten die Gene von Personen mit und ohne Milchzuckerunverträglichkeit und stellten fest, dass in dem Bereich vor dem Gen, das für das Laktase-Enzym zuständig ist, eine Mutation zu finden ist. Das bedeutet, dass dieser Bereich für die Unverträglichkeit verantwortlich zu sein scheint. Beim Laktoseintoleranten ist dieser Abschnitt funktionstüchtig, während er bei Menschen, die Milchzucker vertragen, defekt ist.

Laut der Forscher sei diese Mutation beim Menschen vor etwa zehn- bis zwölftausend Jahren entstanden, als sich Milchgenuß- und Produktion in Europa verbreiteten. Dies geschah durch die natürliche Selektion, da die Menschen, die laktosetolerant waren, einen Vorteil gegenüber denen hatten, die keine Milch vertrugen.

Durch diese Erkenntnis, kann in Zukunft ein Vorteil für die Diagnosesicherung entstehen, da man z.B. durch eine Speichelprobe die Gene untersuchen und somit viel einfacher eine Milchzuckerunverträglichkeit feststellen könnte.[48]

---

[48] Vgl.: Zahn, A., Gesundheit.de: „Mutation löst höchstwahrscheinlich Laktoseintoleranz aus", 05.07.2011, Stand:07.11.11

6. Literaturverzeichnis:

6.1 Internetquellen (in alphabetischer Reihenfolge):

Baumann, T., Freidorf, M.: Naturheilverfahren und alternative Medizin. In: www.naturheilverfahren.wordpress.com. URL: http://naturheilverfahren.wordpress.com/2008/06/26/%E2%80%9Eeure-nahrung-soll-eure-medizin-und-eure-medizin-soll-eure-nahrung-sein%E2%80%9C/ (letzter Abruf am 02.11.2011)

Bayerisches Staatsministerium der Justiz und für Verbraucherschutz: Milchzucker. In: www.vis.bayern.de . Stand: 27.12.2007. URL: http://www.vis.bayern.de/ernaehrung/lebensmittel/gruppen/milchzucker.htm#vorkommen_natur (letzter Abruf am 05.11.2011)

Biologie-Lexikon Online: Lactase. In: www.biologie-lexikon.de. Stand: 04.03.2009. URL: www.biologie-lexikon.de/lexikon/lactase.php (letzter Abruf am 06.11.2011)

Burger, J.: Laktasepersistenz bei meso- neolithischen Europäern. In: www.unimainz.de. URL: http://www.unimainz.de/FB/Biologie/Anthropologie/MolA/Deutsch/Forschung/Laktasepersistenz.html (letzter Abruf am 07.11.11)

Cornell University: Milk Carbohydrate (Lactose). In: www.milkfacts.info. URL: http://www.milkfacts.info/Milk%20Composition/Carbohydrate.htm (letzter Abruf 31.10.2011)

Heiker, F. R.: In: Römpp Online. Stand: April 2007 URL: www.römpp-online.de. (letzter Abruf am 04.11.2011)

Holfeld-Weitlof, G.: Laktoseintoleranz. In: www.holfeld-weitlof.com. URL: http://www.holfeld-weitlof.com/pdf/Laktoseintoleranz.PDF (letzter Abruf am 02.11.2011)

Kampner, M.: Fehling Probe. In: www.chemiedidaktik.uni-wuppertal.de. URL: http://www.chemiedidaktik.uni-wuppertal.de/alte_seite_du/material/milch/lactose/fehling.pdf (letzter Abruf am 07.11.2011)

Ledochowski M, Bair H, Fuchs D.: Laktoseintoleranz. In: Journal für Ernährungsmedizin. Stand: 2003. URL: http://www.kup.at/kup/pdf/1372.pdf (letzter Abruf am 02.11.2011)

Männerfragen: Alternative zu Milchprodukten. In: www.maennerfrage.de. URL: http://www.maennerfrage.de/food/essen-geniessen/alternative-zu-milchprodukten.20615.htm , (letzter Abruf am 05.11.2011)

Monks – Ärzte im Netz GmbH: Bauchschmerzen. In: www.internisten-im-netz.de. Stand: 27.10.2011. URL: http://www.internisten-im-netz.de/de_bauchschmerzen-ursachen_1084.html (letzter Abruf am 04.11.2011)

Navigator Medizin: Welche Formen der Laktoseintoleranz werden unterschieden? In: www.navigator-medizin.de. URL: http://www.navigator-medizin.de/eltern_kind/die-wichtigsten-fragen-und-antworten-zu-kinderkrankheiten/bauch-und-bauch-organe/laktoseintoleranz/grundlagen-und-ursachen/2484-welche-formen-der-laktoseintoleranz-werden-unterschieden.html (letzter Abruf am 02.11.2011)

Neomed: Hydrocheck. In: www.neomed-gmbh.de. URL: http://www.neomed-gmbh.de/wasserstoff_atemtest.htm (letzter Abruf am 05.11.2011)

Omira: MinusL-Produkte. In: www.minusl.de. URL: http://www.minusl.de/4 (letzter Abruf am 05.11.2011)

Pro Natura Gesellschaft für gesunde Ernährung: Lactrase. In: www.lactrase.de Stand: 2011. URL: http://www.lactrase.de/Produktinformation.53.0.html (letzter Abruf am 05.11.2011)

Thalhammer, Dr. med.: Laktoseintoleranz. In: www.netdoktor.de. Stand: Mai 2010. URL: http://www.netdoktor.at/krankheiten/fakta/laktoseintoleranz.shtml (letzter Abruf am 03.11.2011)

Wikipedia: Glycosidische Bindung. In: www.wikipedia.de. Stand: 12.09.2011. URL: http://de.wikipedia.org/wiki/Glycosidische_Bindung (letzter Abruf am 06.11.2011)

Wikipedia: Lactose. In: www.wikipedia.de. Stand: 09.09.2011 URL: http://de.wikipedia.org/wiki/Lactose (letzter Abruf am 31.10.2011)

Zahn, A.: Mutation löst höchstwahrscheinlich Laktoseintoleranz aus. In: www.Gesundheit.de Stand: 05.07.2011. URL: http://www.gesundheit.de/ernaehrung/krankheit-und-ernaehrung/ernaehrung-bei-lebensmittelunvertraeglichkeiten/mutation-loest-hoechstwahrscheinlich-laktoseintoleranz-aus (letzter Abruf am 07.11.2011)

Zuckeraustauschstoffe URL: http://www.zuckeraustauschstoffe.de/ (letzter Abruf 05.11.2011)

Zweck J., Hladik R., Hitthaller M., Mittergeber E., Krismer S.: Dünndarmbiopsie. In: www.laktobase.at. URL: http://www.laktobase.at/Dunndarmbiopsie.php (letzter Abruf am 05.11.2011)

6.2 Quellen aus eigenständigen Werken und Sammelbänden (in alphabetischer Reihenfolge):

Kasper, Heinrich (1991): *Ernährungsmedizin und Diätetik.* 7. Aufl., München/Wien/Baltimore: Urban und Schwarzenberg

Paas, Doris (2007): *Das Laktose-Intoleranz Buch.* 1.Aufl., Münster: Monsenstein und Vannerdat OHG

Pollmer U., Warmuth S. (2006): *Lexikon der populären Ernährungsirrtümer.* 6.Aufl., München/Zürich: Piper

Pudel V., Müller M.J. (1998): *Leitfaden der Ernährungsmedizin.* 1. Aufl., Berlin/Heidelberg: Springer Verlag

Siegenthaler W., Kaufmann W.,Hornbostel H., D. Waller H. (1992): *Lehrbuch der inneren Medizin.* 3. Aufl., Stuttgart/New York: Georg Thieme Verlag

7. Bildnachweise

7.1 Abbildungen

Abbildung 1: *Haworth-Projektion von Laktose.* URL: http://www.milkfacts.info/Milk%20Composition/Carbohydrate.htm

Abbildung 2: *Milch*

Abbildung 3: *Molkeherstellung*

Abbildung 4: *Fertige Molke*

Abbildung 5: *Fehling-1-Lösung*

Abbildung 6: *Fehling-2-Lösung*

Abbildung 7: *Fehling-1+2-Lösung*

Abbildung 8: *Grünliche Färbung*

Abbildung 9: *Rotbrauner Niederschlag*

Abbildung 10: *Enzymatische Spaltung von Laktose in Galaktose und Glucose.* URL: http://www.biologie.uni-hamburg.de/b-online/library/micro229/terry/229sp00/lectures/regulation.html

Abbildung 11: *Ohne Laktoseintoleranz.* URL: http://www.minusl.de/5

Abbildung 12: *Mit Laktoseintoleranz.* URL: http://www.minusl.de/5

Abbildung 13: *Globale Verteilung der Laktoseintoleranz.* URL: http://de.wikipedia.org/w/index.php?title=Datei:Laktoseintoleranz-1.svg&filetimestamp=20100722152216, Stand: 05.11.11

7.2 Tabellen

Tabelle 1: *Laktosegehalt in ausgewählten Lebensmitteln..* Vgl: Kasper, Heinrich: Ernährungsmedizin und Diätetik, 7. neubearb. Aufl., München/Wien/Baltimore, Urban und Schwarzenberg 1991

Tabelle 2: *Übersicht über einige Lebensmittel, die weniger als 2g Laktose pro 100g enthalten.* Vgl.: Kasper, Heinrich: „Ernährungsmedizin und Diätetik", 1991, Seite 553

7.3 Diagramme:

Diagramm 1: *Verlauf der Blutglucosekonzentration in Abhängigkeit der Zeit.* Vgl.: Kasper, Heinrich: „Ernährungsmedizin und Diätetik", 1991, Seite 154